BEI GRIN MACHT SICH IHR WISSEN BEZAHLT

- Wir veröffentlichen Ihre Hausarbeit,
  Bachelor- und Masterarbeit

- Ihr eigenes eBook und Buch -
  weltweit in allen wichtigen Shops

- Verdienen Sie an jedem Verkauf

Jetzt bei www.GRIN.com hochladen
und kostenlos publizieren

Katja Christner

Biologieunterricht im Fokus reflexiver Koedukation unter besonderer Berücksichtigung der Sexualerziehung

GRIN Verlag

Bibliografische Information der Deutschen Nationalbibliothek:

Die Deutsche Bibliothek verzeichnet diese Publikation in der Deutschen National-bibliografie; detaillierte bibliografische Daten sind im Internet über http://dnb.d-nb.de/ abrufbar.

Impressum:

Copyright © 2011 GRIN Verlag, Open Publishing GmbH
Druck und Bindung: Books on Demand GmbH, Norderstedt Germany
ISBN: 978-3-640-88694-4

Dieses Buch bei GRIN:

http://www.grin.com/de/e-book/170065/biologieunterricht-im-fokus-reflexiver-koedukation-unter-besonderer-beruecksichtigung

Universität Potsdam

Institut für Biochemie und Biologie

Didaktik der Biologie

„Biologieunterricht im Fokus reflexiver Koedukation

unter besonderer Berücksichtigung der Sexualerziehung"

Bachelorarbeit

vorgelegt am 10. Februar 2011

Studiengang: BA LA Biologie/ Deutsch

Fachsemester: 5

Gliederung

1. Einleitung

Die Gleichberechtigung aller Menschen ist im Grundgesetz der Bundesrepublik Deutschland im Artikel 3 als Grundrecht wie folgt garantiert:

> (1) Alle Menschen sind vor dem Gesetz gleich.
> (2) Männer und Frauen sind gleichberechtigt. Der Staat fördert die tatsächliche Durchsetzung der Gleichberechtigung von Frauen und Männern und wirkt auf die Beseitigung bestehender Nachteile hin.
> (3) Niemand darf wegen seines Geschlechtes, seiner Abstammung, seiner Rasse, seiner Sprache, seiner Heimat und Herkunft, seines Glaubens, seiner sexuellen Neigung, seiner religiösen oder politischen Anschauungen benachteiligt oder bevorzugt werden. Niemand darf wegen seiner Behinderung benachteiligt werden.

Doch bis zur Verankerung der Gleichberechtigung von Mann und Frau im Gesetz war es ein langer Weg. Sie legte den Grundstein dafür, dass in den sechziger Jahren des letzten Jahrhunderts der gemeinsame Unterricht und die gleichen Bildungsabschlüsse für Frauen und Männer eingeführt wurden.

Doch nach der Durchsetzung der Koedukation wurde diese und die daraus resultierende Benachteiligung von Mädchen im Schulalltag von feministischer Seite aus kritisiert. Hierzu liegen u.a. umfangreiche Untersuchungen vor, die sich z.B. mit SchülerInnen-LehrerInnen Interaktionen, mit der geschlechtsbezogenen Verteilung der Aufmerksamkeit der Lehrkräfte und mit Schulbuchanalysen[1] beschäftigen. (vgl. Jösting/ Seemann 2006, 19) Geschlechterrollen und -perspektiven fanden nun Eingang in die Schulpraxis und in die wissenschaftliche Auseinandersetzung. In den vergangenen Jahrzehnten wurden genderbezogene Maßnahmen eingeführt, um den Benachteiligungen beider Geschlechter entgegenzuwirken.

Die vorliegende Arbeit ist bemüht, einen kurzen und prägnanten Einblick in das Unterrichtsprinzip der reflexiven Koedukation zu geben. Diese soll anhand des Sexualerziehungsunterrichts Anwendung finden, indem Möglichkeiten aufgezeigt werden, auf Jungen und Mädchen gendersensibel einzugehen.

Um zu klären, wie das Prinzip der reflexiven Koedukation entwickelt wurde, wird zunächst ein Überblick über die Bildungssituation in den vergangenen Jahrhunderten gegeben. Daher zeichnet das erste Kapitel die Entwicklung der Koedukationsdebatte vom ausgehenden 19. Jahrhundert zu den neunziger Jahren des 20. Jahrhunderts nach.

Mädchen und Jungen werden durch stereotype Sozialisierung gleichermaßen eingeschränkt, die gesellschaftlich definierten Grenzen an Denk- und Verhaltensweisen zu überschreiten.

---

[1] Schulbuchanalysen untersuchen den im Schulgesetz verankerten Anspruch auf Gleichberechtigung der Geschlechter und sie zeigen Defizite bei der Implementierung auf.

Obwohl auch Mädchen Interesse an technisch-naturwissenschaftlichen Inhalten zeigen und Fähigkeiten vorhanden sind, nähern sie sich oft durch stereotype gesellschaftliche Definitionen nicht diesen Themen an und verbauen sich dadurch wesentliche berufliche Entwicklungsmöglichkeiten. Aber auch Jungen haben Probleme bei der Lebensbewältigung und werden bei Auseinandersetzung mit Gefühlen der Schwäche und Empathie stark ausgegrenzt. (vgl. Kaiser 2003, 28) Um die Zielstellung zu konkretisieren, werden im Kapitel drei Geschlechtsstereotypen analysiert und dargelegt, welche Auswirkungen diese auf die Beliebtheit der Unterrichtsfächer und somit auf die spätere Berufswahl haben. Für die pädagogische Auseinandersetzung mit dieser Thematik ist es ebenfalls sinnvoll, die Differenzierung nach dem biologischen und sozialen Geschlecht aufzugreifen.

Der Schwerpunkt der Arbeit liegt auf dem Kapitel der reflexiven Koedukation. Diese soll gezielt das Geschlechterverhältnis analysieren und die Geschlechterhierarchien zu überwinden versuchen, um den Unterricht dementsprechend geschlechtergerecht durchzuführen. Im Zentrum der reflexiven Koedukation steht allerdings nicht die Frage, ob eine Trennung zwischen Mädchen und Jungen sinnvoll ist, sondern welche Lernformen und -inhalte sowohl den Mädchen als auch den Jungen am ehesten gerecht werden. Da die Auseinandersetzung mit Bildungs- und Geschlechterfragen hochkomplex und vielschichtig ist, können manche Aspekte hier nur angerissen werden, obwohl sie ein Vielfaches an Raum verdient hätten.

Der zweite Teil der Arbeit soll aufzeigen, welche Möglichkeiten es im Sexualerziehungsunterricht gibt, der Geschlechterfrage nachzukommen. Die Sexualerziehung ist im Vergleich zu den meisten anderen Fächern ein junges Aufgabengebiet der Schule. (Milhoffer/ Schmidt 2002, 215) Sie hat ihre Funktion nicht in der kleinschrittigen Durchführung belehrender Unterrichtseinheiten zu sehen, sondern sie ist als aktiv-mitgestaltender Lehr- und Lernprozess zu gestalten, der sich an personalen, kommunikativen und handlungsbedeutsamen Sichtweisen der Schüler orientiert. (vgl. Hopf 2008, 15) Dennoch werden sexuelle Selbstwahrnehmung und das Sozialverhalten der Geschlechter in den Konzepten der Sexualerziehung kaum problematisiert. (vgl. Milhoffer/ Schmidt 2002, 217) Mit der Darlegung des Konzeptes wird ein Ansatz vorgestellt, der versucht, Geschlechterhierarchien zu überwinden und den Interessen der Mädchen und Jungen gerecht zu werden. Des Weiteren wird diskutiert, inwieweit man die Leistungen von Frauen im Bereich der Sexualerziehung würdigen kann, um der männerlastigen naturwissenschaftlichen Geschichte entgegen zu wirken. Ebenso wird auf die Möglichkeit eingegangen, den Sexualerziehungsunterricht teilweise in monoedukativen Gruppen abzuhalten.

2. Historischer Abriss der Koedukationsdebatte

Wer den Diskurs um das Thema Koedukation verstehen will, muss in der Geschichte der Schulbildung rund hundert Jahre zurückblicken. Im ausgehenden 19. und beginnenden 20. Jahrhundert konzentrierte sich die Koedukationsdebatte auf den Bereich des höheren Schulwesens, da aufgrund von ökonomischen und pragmatischen Gründen das Elementarschulwesen und das spätere Volksschulwesen schon koedukativ organisiert wurden. (vgl. Glumpler 1994, 10)

In der höheren Schulbildung gab es eine Aufteilung in Gymnasien, Oberrealschulen und Realgymnasien für Jungen, währenddessen das Lyzeum für Mädchen vorgesehen war. In diesen Mädchengymnasien lernten die Schülerinnen Handarbeit und Hauswirtschaft, da sie der späteren Rolle als Mutter, Gattin und Hausfrau gerecht werden sollten. Naturwissenschaften wurden hingegen nur am Rande unterrichtet, da sie für Mädchen als zu schwierig galten. (http://www.sign-project.de/10_4592.php#3) Der Abschluss ermöglichte den Mädchen weder ein Zugang zum Studium noch eine andere berufliche Karriere. (vgl. Kreienbaum/Urbaniak 2006, 16)

Diese ungleichen Bildungsausgänge gaben schon damals Anlass zu politischen und gesellschaftlichen Diskussionen über Koedukation. Aufgrund des Drucks bürgerlicher Frauenbewegungen wurden zur Zeit der Weimarer Republik geschlechtsheterogene Schulen zugelassen und Mädchen an Jungenschulen aufgenommen. Allerdings setzte sich Koedukation als Prinzip nicht durch. Da während des Dritten Reichs die Erziehung der Mädchen auf ihren späteren Dienst im Haushalt und als Mutter ausgelegt wurde, trat die Koedukationsfrage in den Hintergrund. (vgl. Faulstich-Wieland 1987, 13)

Nach dem Zweiten Weltkrieg wurden auf dem Gebiet der DDR Mädchen und Jungen gemeinsam unterrichtet mit dem Ziel, eine einheitliche Schule für alle Kinder des Volkes zu schaffen. Erst der sogenannte „Bildungsnotstand"[2] in den 1960er Jahren führte dazu, dass sich das Unterrichtsprinzip flächendeckend für die gesamte Bundesrepublik durchsetzte. (vgl. Jantz/Brandes 2006, 32)

---

[2] Anfang der 1960er Jahre wurde das Bildungssystem in der BRD als nicht mehr zeitgemäß kritisiert. Lerninhalte und Unterrichtsmethoden galten als überholt, die Klassen waren durch wachsende Schülerzahlen überfüllt und ein enormer Lehrermangel drohte. Daher setzte man sich zum Ziel, mehr SchülerInnen zum Abitur zu führen, um dadurch den Bestand an gut ausgebildeten Akademikern auszubauen und zu sichern. (vgl. Kreienbaum/ Urbaniak 2006, 30)

Die gemeinsame Erziehung wurde zunächst als Errungenschaft und Fortschritt für mehr Gleichberechtigung und Chancengleichheit gesehen. (vgl. Glagow-Schicha 2005a, 148) Doch die als Überwindung der Geschlechtertrennung gefeierte Reform wurde schon Ende der 70er und Anfang der 80er Jahre wieder zum Kritikpunkt. Während dieser Zeit wurde über eine Rückkehr zu geschlechtergetrennten Schulen und über die Wiedereinrichtung von Mädchenschulen diskutiert. (vgl. Kreienbaum/Urbaniak 2006, 44) Es wurden Nachteile des koedukativen Unterrichts für die Mädchen formuliert und wissenschaftlich untersucht. Eine Debatte um das Für und Wider dieser Unterrichtsform entfachte.

Zunehmend wurde auch der Blick auf die Jungen und deren Bedürfnisse gerichtet. Denn die heutige Schule stellt Anforderungen, die vor allem die Stärken der Mädchen voraussetzen: Sprachbegabung, Lesefreude, Kommunikations- und Teamfähigkeit. (http://studsem-leer.ehrig-privat.de/__oneclick_uploads/2006/12/koedukation-ppt.pdf) Daher sind Jungen diejenigen, die häufiger das Klassenziel nicht erreichen, verhaltensauffälliger und zu einem hohen Anteil in Hauptschulen vertreten sind.

Es hat sich gezeigt, dass die auf der Verwaltungsebene beschlossenen Koedukation ohne ein pädagogisches Konzept weder den Bedürfnissen der Mädchen noch denen der Jungen Rechnung tragen konnte. (vgl. Jantz/Brandes 2006, 33)

In den 1990er Jahren klang die Debatte bezüglich des Unterrichtsprinzips Monoedukation gegen Koedukation langsam ab. Die meisten ForscherInnen begaben sich weder auf die Pro- noch auf die Kontraseite. Es ging nun vielmehr darum, wie es gelingen kann, den koedukativen Unterricht kritisch zu reflektieren und Geschlechtsstereotype abzubauen. (vgl. Stürzer 2003, 172) Im Kapitel 4 wird das zu Beginn der 90er Jahre entwickelte Konzept der „reflexiven Koedukation" vorgestellt.

3. Geschlechtsunterschiede und Auswirkungen auf die Fächerwahl

3.1 Stereotype Geschlechterbilder

„Was kann Hänschen?	Was kann Lieschen?
Es kann trampeln und strampeln	Es kann tänzeln und schwänzeln
und reißen und beißen	und hätscheln und tätscheln
und rumpeln und pumpeln	und schmeicheln und streicheln
und holpern und stolpern	und trillern und trällern
und kugeln und kegeln	und plappern und klappern
und klettern	und schwatzen
und Türen zuschmettern	und naschen wie Spatzen."

Plaimauer 2008 nach Lesebuch 2. Klasse, Cornelsen: 1967

So wie in diesem Gedicht existiert in vielen Köpfen der Gesellschaft ein Eigenschaftskonzept, das den alltagsphysiologischen Wissensbestand geschlechtsspezifischer Merkmale umfasst. (vgl. Hilgers 1994, 41)

Unsere Welt ist durch eine klare Geschlechterordnung gekennzeichnet, in der das Prinzip der Zweigeschlechtlichkeit dominiert. In der pädagogischen Geschlechterforschung ist das Geschlecht allerdings nicht etwas, was wir *haben*, sondern etwas, was wir *tun*. (vgl. Budde/Venth 2010, 12) Zur Erklärung von „Geschlecht" werden die aus dem Englischen übernommenen Begriffe *sex* und *gender* verwendet, wobei *sex* das biologische Geschlecht beschreibt. *Gender* hingegen wird als das soziale und kulturell bestimmte Geschlecht aufgefasst. Damit sind gesellschaftlich und kulturell vermittelte Geschlechterbilder und Erwartungen gemeint, die die Gesellschaft Jungen, Mädchen, Männern und Frauen zuschreibt. Diese Zuschreibungen sind geschlechtsspezifisch ausgeprägt und wirken auf den Menschen bewusst oder unbewusst ein. (vgl. Hopf 2008, 18)

Den sozialen Prozess, ein Mann oder eine Frau zu werden, haben Candance West und Don Zimmermann als *doing gender* bezeichnet. Damit sind alle Interaktionen gemeint, in denen Geschlecht „hergestellt" wird. Seit etwa den 1990er Jahren setzt sich die Auffassung, dass die Menschen selbst die Unterschiede zwischen den Geschlechtern erzeugen, zunehmend durch. (vgl. Kreienbaum/ Urbaniak 2006, 39) Bereits in der Kindheit werden durch die soziale Umwelt, durch Familie, Eltern, Betreuungspersonen und Lehrende Werte und geschlechtsspezifische Verhaltensmuster als gegeben vermittelt. Aufgrund dessen werden Geschlechterrollen, die einschränkend, oftmals diskriminierend wirken, verfestigt. (vgl. Buchmayer 2008, 7) Im Prozess des Heranwachsens, speziell im Übergang von der Kindheit zum Erwachsensein, spielen die Geschlechterdifferenzen eine große Rolle. Nach Flaake 2006 ist Schule als sozialer Kontext zu sehen, in dem Jugendliche einen erheblichen Teil ihrer Zeit verbringen. Daher ist sie ein bedeutsamer Raum für adoleszente Prozesse der Auseinandersetzung mit Geschlechterbildern und Geschlechterverhältnissen.

Die Geschlechterstereotypen engen deutlich ein. „Nicht individuelle Fähigkeiten, sondern gesellschaftliche Erwartungen und Normen steuern die Entwicklung von Jungen und Mädchen in bestimmter Weise." (Kaiser 2005, 174) Durch die klare Geschlechterordnung neigen wir dazu, Tätigkeiten, Kleidung oder Verhalten als männlich oder weiblich zu definieren. Dies gilt auch für manche Schulfächer, in denen sich geschlechtstypische Differenzen zeigen.

3.2 Geschlechterverhältnisse in verschiedenen Schulfächern

Die Beliebtheit der Schulfächer ist bei Mädchen und Jungen keinesfalls gleich. Vor allem in höheren Jahrgängen, wenn die Breite und Differenzierung der Fächer zunimmt, zeigen sich klare geschlechtsspezifische Unterschiede. (vgl. Faulstich-Wieland 1991, 73) Zahlreiche Studien und Analysen des Statistischen Bundesamtes der letzten Jahre ergaben, dass Mädchen Sprachen, Geistes- und Erziehungswissenschaften bevorzugen, Jungen hingegen aber mathematische und naturwissenschaftliche Fächer präferieren. Die im vorherigen Kapitel beschriebenen Geschlechtsstereotypen finden sich daher auch bei der Fächerwahl in der Schule wieder.

Die Oberstufe in vielen deutschen Bundesländern bietet die Möglichkeit, Unterrichtsfächer als Leistungskurs zu wählen oder abzuwählen. Faulstich-Wieland hat in einer Studie zur Fächerwahl in der Oberstufe eine Unterteilung in „Mädchen- und Jungenfächer"[3] vorgenommen. Zu den „Mädchenfächer" zählte sie Sprachen, Kunst sowie Pädagogik. Mathematik und Naturwissenschaften gehören zu den unverkennbaren „Jungenfächern". Biologie war das einzige Fach mit einer ausgewogenen Verteilung. (vgl. ebd. 78) Auch Küllchen, der postulierte, dass die Möglichkeiten zur Fächerwahl und -abwahl eher geschlechtsspezifische vorhandene Neigungen verstärken, als diese abzubauen, erkannte, dass die Biologie eine Ausnahme im naturwissenschaftlichen Bereich bildet, da hier eine Gleichverteilung der Geschlechter vorliegt. (Glumpler 1994 nach Küllchen/Sommer 1989, 64)

Aktuell zeigt sich durch verschiedene nationale und internationale Leistungsvergleichsuntersuchungen, dass die fachspezifischen Differenzen noch nicht abgebaut sind. Mädchen schneiden beispielsweise bei PISA[4] besser in der Lesekompetenz ab, wohingegen Jungen im naturwissenschaftlichen Bereich punkten. (vgl. Hoppe/ Nyssen 2005 135) Die Unterschiede in der Wahl der Fächer in der Oberstufe setzen sich in der späteren Berufs- und Studienfachwahl fort. So zeigt sich z.B. an der Freien Universität Berlin, dass Frauen bevorzugt Sprachen und Erziehungswissenschaften studieren, Männer hingegen naturwissenschaftliche und technische Fächer wählen. Auch hier bildet Biologie unter den naturwissenschaftlichen Fächern eine Ausnahme. Die Verteilung lässt erkennen, dass die Verhältnisse umgekehrt vorliegen: 74 % der Studierenden der Biowissenschaften und 68% der Studierenden für Lehramt Biologie sind weiblich.

---

[3] „Mädchenfächer" sind Fächer mit einem Anteil von 2/3 oder mehr Schülerinnen. „Jungenfächer" sind hingegen Fächern, bei denen der Schülerinnenanteil nur 1/3 oder weniger beträgt.
[4] Auch andere Studien zeigten einen deutlichen Leistungsunterschied zwischen den Geschlechtern: TIMSS, PISA, LAU

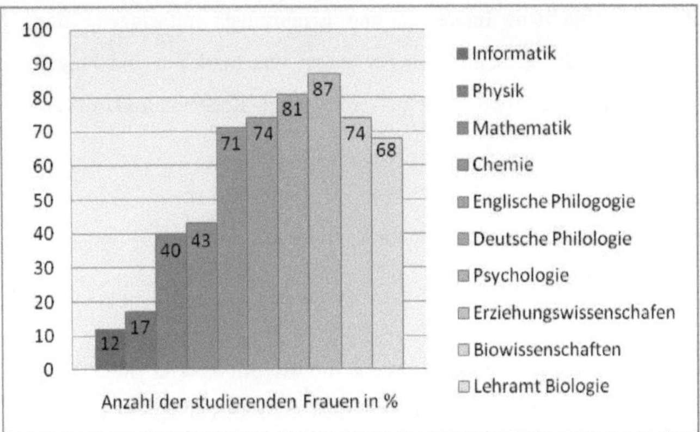

Abb. 1: Anzahl der studierenden Frauen in % an der FU Berlin (2009/2010)

(aus http://ranking.zeit.de/che2010/de/hochschule?id=46)

„Die geschlechtsspezifische Ungleichverteilung der Interessen und der Teilhabe an den verschiedenen Fachgebieten bildet den Hintergrund für die Koedukationsfrage." (Faulstich-Wieland 1991, 78)

Die feministische Schulforschung hat vielfältige Überlegungen zur Abhilfe vorgelegt, um den Geschlechterbias bei den Fächern und die Folgen für die Berufs- und Studienwahl abzubauen. Eine Möglichkeit dieser Sache Rechnung zu tragen, ist die im nachfolgenden Kapitel beschriebene „reflexive Koedukation".

4. Reflexive Koedukation

4.1 Begriffserklärung nach Faulstich-Wieland

1991 veröffentlichte Hannelore Faulstich-Wieland in ihrem Buch „Koedukation-enttäuschte Hoffnungen?" die Perspektive einer „reflexiven Koedukation".

„Reflexive Koedukation heißt für uns, dass wir alle pädagogischen Gestaltungen daraufhin durchleuchten wollen, ob sie die bestehenden Geschlechterverhältnisse eher stabilisieren, oder ob sie eine kritische Auseinandersetzung und damit ihre Veränderung fördern." (Definition der Wissenschaftlerinnen Faulstich-Wieland/Horstkemper 1996)

Reflexive Koedukation berücksichtigt die Genderperspektive und beachtet die spezifischen Ausprägungen im Rollenverhalten von Mädchen und Jungen. Daher wird reflektiert, inwieweit Strukturen, Muster, Interaktionen und Einstellungen dazu beitragen, ein bestimmtes Verhalten hervorzurufen. Es wird bedacht, dass Jungen und Mädchen verschieden lernen und unterschiedliche Interessen und Erfahrungen mitbringen. Eine geschlechtersensible Ausrichtung der gemeinsamen Erziehung von Mädchen und Jungen und das Aufbrechen von Stereotypen sollen erreicht werden. (vgl. Kreienbaum/Urbaniak 2006, 132)

4.2   Reflexive Koedukation als Element allgemeiner Bildung
4.2.1   Ziele reflexiver Koedukation

Die Einführung der Koedukation in den 1960er Jahren sollte die prinzipielle Gleichheit der Geschlechter mit sich bringen. Es wurde davon ausgegangen, dass Geschlechtsstereotype in der Schule keine Rolle mehr spielen. Die Realität zeigte aber, dass Schulen an diesen festhalten und, dass dies zur Beschränkung der Entfaltungsmöglichkeiten bei beiden Geschlechtern führt. (vgl. Bildungskommission NRW 1995, 127) Als Konsequenz ergibt sich die Notwendigkeit, Koedukation zu überdenken, weiter zu entwickeln und neu zu gestalten. (vgl. ebd. 129)

Das Konzept der reflexiven Koedukation von Faulstich-Wieland wurde 1995 bei der von Johannes Rau ins Leben gerufenen nordrheinwestfälischen Bildungskommission wieder aufgegriffen. Dort heißt es in der Denkschrift „Zukunft der Bildung – Schule der Zukunft", dass eine reflexive Koedukation das Geschlechterverhältnis zugunsten eines gleichberechtigten und gleichwertigen Miteinanders verändern soll. (vgl. ebd. XV)

Die hier vorgestellten Ziele zur reflexiven Koedukation beruhen auf dieser Denkschrift. (vgl. ebd. 130 f.)

• Ziel ist es, die im Schulalltag erlebbaren Geschlechterhierarchien abzubauen und die Geschlechterverhältnisse neu zu bestimmen, um ein gleichberechtigtes Zusammenleben und -lernen beider Geschlechter zu erreichen.

• Geschlechtsstereotype Zuweisungen gilt es aufzulösen, sodass eine gemeinsame, gleiche und umfassende Bildung für Mädchen und Jungen zu ermöglicht werden kann. Dazu sollen alle notwendigen und wesentlichen Kenntnisse und Fähigkeiten gleichermaßen sowohl bei Mädchen als auch bei Jungen gefördert und herausgebildet werden.

• Ein wesentliches Ziel reflexiver Koedukation besteht darin, ein positives Verständnis von männlicher und weiblicher Identität, das tatsächliche Chancengleichheit im privaten wie im öffentlichen Leben ermöglicht, erreicht werden soll. Dadurch eröffnet sich die Chance, individuelle Unterschiede ohne Benachteiligungserfahrung leben zu können.

• Der Unterricht soll den kulturellen Leistungen von Frauen den gleichen Stellenwert einräumen wie den kulturellen Leistungen von Männern und damit das überlieferte männerlastige historische Verständnis korrigieren. Dabei gilt es, Wissensdefizite zu beseitigen und der Abwertung und Ausgrenzung von Weiblichem entgegenzuwirken.

• Beide Geschlechter sollen dazu gefördert werden, eine qualifizierte Berufsausbildung und eine langfristige Erwerbstätigkeit ohne Verzicht auf Kinder und Familie zu erreichen. Jungen müssen unterstützt werden in der Entwicklung einer Orientierung auf eine Familientätigkeit und Kindererziehung. Mädchen benötigen Unterstützung, ihre Ansprüche an Arbeit und Beruf zu artikulieren und durchzusetzen.

Die Bildungskommission betont, dass die reflexive Koedukation ein Unterrichtsprinzip für alle Fächer ist, in denen Geschlechtsstereotype abgebaut und die Potenziale von Mädchen und Jungen bestmöglich gefördert werden sollen. Reflexive Koedukation soll daher nicht nur an einzelnen Fächern ansetzen, in denen Mädchen Defizite aufweisen, sondern sie will eine generelle Haltung der Entstereotypisierung, der Gleichbehandlung und der Individualisierung der Geschlechter fördern. Das bedeutet, dass auch die Jungen mit einbezogen werden. (vgl. Hoppe et al. 2001, 14)

Die Schulen werden dazu angehalten, ihre Lerninhalte und -methoden zu überprüfen, ob diese die bestehenden Geschlechterverhältnisse stabilisieren oder ob sie sich mit Rollenzuweisungen auseinandersetzen, da nur dadurch eine positive Veränderung im schulischen Miteinander erreicht werden kann. (vgl. Glagow-Schicha 2005, 150a)

Weiter heißt es in der Bildungskommission, dass reflexive Koedukation nicht die Rückkehr zu getrennten Gruppen oder Schulen bedeutet, sondern vielmehr soll der koedukative Unterricht beibehalten und bewusst verbessert werden. Es ist möglich, bei bestimmten Lernsituationen geschlechtshomogene Gruppen zu bilden. (vgl. Bildungskommission 1995, 132)

4.2.2 Möglichkeiten zur Verwirklichung der Ziele
4.2.2.1 Geschlechterbewusstes schulinternes Curriculum

Obwohl die Unterrichtsinhalte und -ziele durch die Lehrpläne des Landes festgelegt sind, können die Schulen in ihren schulinternen Curricula Inhalte aus der Lebens- und Interessenwelt beider Geschlechter berücksichtigen. (vgl. Glagow-Schicha et al. 1997, 122) Gerade im naturwissenschaftlich-mathematischen Kontext sollten geschlechtsspezifische Interessenunterschiede bei der Auswahl der Themenbereiche berücksichtigen werden, sodass der Unterricht vermehrt an den Vorerfahrungen aus dem Alltag der Mädchen anknüpft. (vgl. Glagow-Schicha 2005a, 151)

In dem von Glagow-Schicha, Meyer und Ridlhammer herausgegebenen Reader „Für Ada, Marie und andere Mädchen" werden mädchengerechte Unterrichtsmaterialien für die Fächer Mathematik, Informatik, Technik und Naturwissenschaften vorgestellt. Im Bereich Informatik wird nicht nur der Computer als Werkzeug zur Interpretation von Statistiken dargestellt, auch gesundheitliche Risiken durch elektrische und magnetische Felder werden diskutiert. Im Reader werden außerdem Unterrichtsbeispiele in Chemie zum Thema Kosmetik, Waschmittel oder Cremes präsentiert.

4.2.2.2 Monoedukation in einzelnen Fächern

In den vorherigen Kapiteln wurde bereits erwähnt, dass die zeitweilige Trennung des Unterrichts ein Bestandteil ist, diesen reflexiv koedukativ zu gestalten.

Die Auswirkungen von geschlechtshomogenen Schulen bei Mädchen sind bisher umstritten und bei Jungen wenig erforscht. Mehrere internationale Studien können keine Vorteile der Monoedukation in reinen Jungen- und Mädchenschulen belegen. (vgl. Budde/ Venth 2010, 75) Dennoch heißt eine skeptische Einschätzung von getrennten Mädchen- und Jungengruppen nicht, dass Trennungen im Unterricht nicht sinnvoll wären. Gerade im naturwissenschaftlichen Unterricht waren positive Erfahrungen für Lehrkräfte wie für Schülerinnen möglich. (vgl. Faulstich-Wieland 1991, 163)

Die zeitweilige Trennung des Unterrichts in monoedukative Gruppen kann eine weniger geschlechtstypisierte Entwicklung begünstigen. Daher ist diese Möglichkeit in den Schulgesetzen zahlreicher Bundesländer verankert. Das populärste Beispiel für den zeitweilig getrennten Unterricht ist das Fach Sport. Aber auch der mathematisch-naturwissenschaftliche Unterricht kann monoedukativ erfolgen.

Die rein organisatorische Trennung reicht allerdings nicht aus, um Mädchen und Jungen für die Problematik zu sensibilisieren. (vgl. Hoppe/ Nyssen 2005, 140) Horstkemper widmete sich diesem Thema folgend: „Eine lediglich organisatorische Trennung der Geschlechter stellt keine geeignete pädagogische Maßnahme dar. Erforderlich ist eine an den Bedürfnissen und Möglichkeiten der Kinder und Jugendlichen ausgerichtete Konzeption, die phasenweise Trennung der Geschlechter einschließen kann." (zit. nach Glagow-Schicha 2005, 140)

Welche Vorteile die Monoedukation bietet, wird im Kapitel 5.2.3 speziell am Fachgebiet des Sexualkundeunterrichts erläutert. Auf die Vorteile anderer naturwissenschaftlicher Gebiete wird an dieser Stelle verzichtet.[5]

Die zeitweilige Trennung birgt aber auch einige Nachteile. Daher sollte der gemeinsame Unterricht die Regel sein und getrennte Angebote vorwiegend dort gemacht werden, wo dies *freiwillig* gewählt oder ausdrücklich gewünscht wird. (vgl. Kreienbaum 1999, 16)

Ein Nachteil der geschlechtshomogenen Gruppen wird darin gesehen, dass diese die Kultur der Zweigeschlechtlichkeit besonders hervorheben. Wenn Mädchen und Jungen geschlechtsdifferenzierte Gruppen bilden, so müssen sie sich vom anderen Geschlecht abgrenzen. Die SchülerInnen müssen sich als männlich oder weiblich definieren. Manche Mädchen oder Jungen fühlen sich in weiblich bzw. männlich konnotierten Handlungsfeldern nicht wohl und wollen diesen aus dem Weg gehen. Es muss beachtet werden, dass es Schüler gibt, die man rein biologisch nicht einem Geschlecht zuweisen kann. Diese intersexuellen Personen wollen sich nicht zuordnen (lassen) und möchten dieses Problem nicht vor allen Schülern thematisieren, weil sie zu viel Angst vor der Reaktion ihrer Mitschüler haben. Um dieser Angelegenheit entgegen zu wirken, muss auch das Thema Homosexualität und vor allem Intersexualität sensibel in der Schule besprochen werden.

Ein weiterer Kritikpunkt besteht darin, dass Vorurteile bestärkt und Diskriminierungen provoziert werden. Im getrennten Unterricht soll besser auf Mädchen und Jungen eingegangen werden. Vor allem Mädchen sollen die Chance bekommen, besser gefördert zu werden. Doch hier zeigen sich die Stereotypen, die es abzubauen gilt: Manche Mädchen fühlen sich unterfordert in geschlechtshomogenen Gruppen, manche Jungen hingegen überfordert.

Generell muss bedacht werden, dass monoedukativer Unterricht in der Schule aufgrund zeitlicher, finanzieller und räumlicher Ressourcen nicht so einfach zu realisieren ist. (vgl. Budde/ Venth 2010, 76) Im Idealfall aber werden Jungen- bzw. Mädchenstunden von einem Mann bzw. einer Frau geleitet, der/die als männliches/weibliches Rollenbild agieren und die Jungen bzw. Mädchen bei ihrer Identitätsfindung begleiten kann.

4.2.2.3 Weitere Varianten zur Erreichung der Ziele

Den Unterricht gendersensibel zu planen heißt auch, Unterrichtsmethoden zu wählen, die Jungen und Mädchen für die schulische Arbeit motivieren. Jungen profitieren beispielsweise

---

[5] Repräsentative Umfragen zu den Vorzügen monoedukativ abgehaltenen naturwissenschaftlichen Unterrichts führte das Institut für Demoskopie Allensbach 1998 durch.

vom selbstständigen Lernen in kleinen Teams, in denen nicht zuletzt auch soziale Kompetenzen gefördert werden, wohingegen die Kommunikations- und Arbeitsweise der Mädchen durch offene Arbeitsformen, wie Gruppen- oder Partnerarbeit gefördert werden. (vgl. Glagow-Schicha 2005b, 141)

In der deutschen Sprache weicht das grammatische Geschlecht meist vom biologischen Geschlecht einer Person ab. Auch bei Frauen wird im Deutschen meist das generische Maskulinum verwendet. In einer Gesellschaft, in der Frauen und Männer gleichberechtigt sind, müssen auch beide Geschlechter sprachlich zum Ausdruck kommen. Daher sollten LehrerInnen stets zwischen Schüler und Schülerinnen unterscheiden, um sicher zu gehen, dass sich beide Geschlechter angesprochen und nicht ausgegrenzt fühlen. (vgl. ebd. 142)[6]

Letztendlich soll nicht nur die Schule einem geschlechtsstereotypisierenden Einfluss entgegenwirken, sondern auch Eltern werden daran beteiligt, klassische Rollenklischees aufzulösen. Sie könnten beispielsweise durch Seminare für die Genderproblematik weitergebildet werden. Gerade bei Eltern mit Migrationshintergrund ist eine Sensibilisierung für dieses Thema hilfreich, da in diesen Familien die Rollenzuweisungen stärker ausgeprägt sind und zu Benachteiligungen führen können. (vgl. ebd.)

4.2.3 Voraussetzungen der Lehrpersonen

Wie im Kapitel drei erwähnt wurde, ist es wichtig, möglichst früh etwas gegen die Ausbildung von Vorurteilen und Stereotypen zu tun. Daher sollten sich LehrerInnen selbst bewusst werden über ihre eigenen Vorstellungen von Männlichkeit und Weiblichkeit. Sie müssen lernen, eigene Verhaltensweisen in Bezug auf traditionelle Geschlechterbilder bei sich selbst aufzudecken und kritisch zu reflektieren. Lehrkräfte müssen sensibel sein, um zu erkennen, welche Ursachen, Bedeutung und Konsequenzen geschlechtsstereotype Einstellungen haben, denn diese können Geschlechterdifferenzen eher verstärken, anstatt sie abzubauen.

LehrerInnen könnten durch Fortbildungsmaßnahmen in ihrer Vorbildfunktion unterstützt werden. (vgl. Kreienbaum 1999, 11) Dies kann für die Sensibilisierung ebenso wie für die weitere Forschung zum Geschlechterverhältnis Hilfestellung tragen. Lehrpersonen sollen dazu befähigt werden, eine geschlechterbewusste Planung aller pädagogischen Angebote zu leisten. Dazu zählen u.a. die Raumgestaltung, die Darstellung der Geschlechter in der

---

[6] Nach einer Forderung hinsichtlich einer geschlechtergerechten Sprache haben sich ausführlich Luise Pusch und Senta Trömel-Plötz in zahlreichen Werken auseinandergesetzt.

verwendeten Literatur, die reflexive Beobachtung der Interaktionen und der Sprache und deren geschlechtssensiblen Einsatz. (vgl. Jantz/ Brandes 2006, 162)

5. Reflexive Koedukation im Biologieunterricht

Biologie als naturwissenschaftliches Fach wird in der Diskussion um den zeitweilig getrennten naturwissenschaftlichen Unterricht fast immer vernachlässigt oder vergessen. Es gibt nur vereinzelt Studien darüber, warum Biologie als weiche Naturwissenschaft von Mädchen und Jungen gleichermaßen gewählt wird; obgleich die Tendenz derzeit auf Seiten der Mädchen liegt. (siehe Kapitel 3.2) Dennoch gibt es in der Biologie Themen, bei denen es sich lohnt, sie nach geschlechtsspezifischen Aspekten zu durchleuchten: Beispielsweise die Sexualerziehung. Diese ist Unterrichtsgegenstand in verschiedenen Klassenstufen und ein Themengebiet, das gerade in der Zeit zum Erwachsenwerden jede(n) SchülerIn interessiert.

Die hier aufgezeigten Möglichkeiten Sexualerziehung zu unterrichten, beschäftigen sich vorrangig damit, einer reflexiven Koedukation gerecht zu werden. Daher wird nicht darauf eingegangen, wie Lehrpersonen den Unterricht fächerübergreifend gestalten können. Hierzu hat Arnulf Hopf in seinem Buch „Fächerübergreifende Sexualpädagogik" eine komplexe Darstellung erläutert. Ferner gibt es bereits zahlreiche Varianten, wie Lehrer in das Themengebiet einführen oder spezielle Themen sensibel unterrichten können.

Dieses Kapitel versucht zu veranschaulichen, wie Lehrkräfte den Sexualkundeunterricht gendersensibel und reflexiv koedukativ gestalten können. Dabei geht es in erster Linie nicht nur um die Vermittlung biologischen Wissens, sondern vielmehr um ethische, gesellschaftliche und geschlechtsspezifische Aspekte.

5.1 Inhalte und Ziele der Sexualpädagogik

Sexualerziehung ist schon seit über vier Jahrzehnten Teil eines verbindlichen Erziehungs- und Bildungsauftrag der Schule. Dennoch wird die Sexualerziehung an den Rand gedrängt, weil sich Lehrer nicht hinreichend genug ausgebildet fühlen oder nicht offen mit dieser Thematik umzugehen wissen.

Die Richtlinien der Kultusministerkonferenz zur Sexualerziehung (1969) sind heute für alle Schulen und Lehrpersonen verbindlich. In allen Schulstufen und Schultypen soll Sexualerziehung fächerübergreifend und anlassbezogen aufgegriffen werden, um biologische, soziale und ethische Fragen anzusprechen. Insbesondere den Fächern Biologie, Religion, Sozialkunde, aber auch Deutsch oder Kunst wurden diese Aufgaben übertragen.

Daher ist die Sexualerziehung Bestandteil jedes Lehrplans in allen Bundesländern, über deren Inhalte und Methoden die Eltern rechtzeitig informiert werden müssen. Allerdings haben sie kein Recht auf Mitbestimmung oder Gestaltung des Unterrichts. Fernen besteht kein Anspruch, die Kinder vom Sexualkundeunterricht zu befreien.

Im Land Brandenburg gelten laut § 12 (3) des brandenburgischen Schulgesetzes folgende Richtlinien für die Unterrichtung dieses Lernbereichs:

> (3) Die schulische Sexualerziehung ergänzt die Sexualerziehung durch die Eltern. Ihr Ziel ist es, die Schülerinnen und Schüler altersgemäß mit den biologischen, ethischen, religiösen, kulturellen und sozialen Tatsachen und Bezügen der Geschlechtlichkeit des Menschen vertraut zu machen. [...] Bei der Sexualerziehung sind Sensibilität und Zurückhaltung gegenüber der Intimsphäre der Schülerinnen und Schüler sowie Offenheit und Toleranz gegenüber den verschiedenen Wertvorstellungen und Lebensweisen in diesem Bereich zu beachten. [...]

<u>Grundschule</u>

Bereits im Primarstufenbereich wird der Sexualerziehung eine große Bedeutung zugeschrieben. Schon in der ersten und zweiten Klasse soll die Sexualerziehung im Themenfeld *Sich selbst wahrnehmen* im Sachunterricht einen Schwerpunkt bilden. Dabei sind die unterschiedlichen Bedürfnisse und Interessen von Mädchen und Jungen zu berücksichtigen. Das Infragestellen geschlechtsspezifischer Rollenerwartungen ermöglicht es, die eher dem anderen Geschlecht zugeschriebenen Verhaltensweisen zu überprüfen und gegebenenfalls zu übernehmen.

Themen Jahrgangsstufen 1/2:	Themen Jahrgangsstufen 3/4:
Körperteile, Geschlechtsmerkmale, Rollenverhalten und -erwartungen, Rollenklischees, angenehme/ unangenehme Berührungen, Prävention sexueller Gewalt	Zeugung, Schwangerschaft, Geburt, emotionale/körperliche/soziale Veränderungen, Mädchen/Jungen, Frauen/Männer in der Familie, Darstellung von Geschlechterrollen in Medien und Werbung, hetero- und homosexuelle Lebensweisen

(Rahmenlernplan Primarstufe Sachunterricht 2004)

Ein Schwerpunkt im fakultativen Bereich kann in den Jahrgangsstufen 5 und 6 die Sexualerziehung bilden. Ab Klasse 5 wird der Sexualkundeunterricht hauptsächlich auf das Fach Biologie übertragen. Er zielt auf einen behutsamen und von Toleranz geprägten Umgang mit der eigenen Körperlichkeit, auf Selbst- und Fremdwahrnehmung, aber auch auf eine Stärkung des Selbstbewusstseins ab.

Themen:

Liebe und Sexualität in hetero-, bi- und homosexuellen Lebensformen, Pubertät, Pollution, Menstruation, Intimhygiene, Geschlechtskrankheiten, Schwangerschaftsverhütung

(Rahmenlehrplan Grundschule Biologie 204)

<u>Sekundarstufe I</u>

Besondere Aufmerksamkeit gilt der Wahrnehmung und Stärkung von Mädchen und Jungen in ihrer geschlechtsspezifischen Unterschiedlichkeit und Individualität. Sie erfahren, dass auch sozioökonomische Aspekte der Geschlechterkonstruktion zugrunde liegen und Rollenzuweisungen zur Folge haben, und werden darin unterstützt, sich bei aller Verschiedenheit als gleichberechtigt wahrzunehmen und in kooperativem Umgang miteinander und voneinander zu lernen. Dazu trägt auch eine Sexualerziehung bei, die relevante Fragestellungen fachübergreifend berücksichtigt.

Themen:

Themen Jahrgangsstufe 7/8:

Geschlechtsorgane (primäre und sekundäre Geschlechtsmerkmale, Pubertät, Bau und Funktion der Geschlechtsorgane, Hygiene, Menstruationszyklus, sexuell übertragbare Krankheiten/ AIDS, Verhütungsmethoden), Fortpflanzung und Entwicklung (Befruchtung, Embryonalentwicklung, Schwangerschaft, Geburt, Abtreibung, Familienplanung), Liebe-Sex-Partnerschaft (Formen menschlicher Sexualität, geschlechtsspezifisches Verhalten, sexueller Missbrauch)

(Rahmenlehrplan Sekundarstufe I Biologie 2008)

5.2   Reflexive Koedukation als Gestaltungsprinzip im Sexualkundeunterricht

In Anlehnung an die Ziele, die durch reflexive Koedukation erreicht werden sollen und unter Berücksichtigung der Themen und Absichten des Brandenburger Rahmenlehrplans werden hier vom Autor entwickelte Möglichkeiten vorgestellt, den Sexualkundeunterricht in verschiedenen Altersstufen entsprechend zu gestalten.

5.2.1 Abbau der Geschlechterstereotype

Obwohl seit Ende der achtziger Jahre in allen Richtlinien die Geschlechterrollen als eigenes Themengebiet zu berücksichtigen sind, beziehen sich Lehrkräfte teils aus Unkenntnis oder Unsicherheit lediglich auf die Vermittlung von biologischen Fakten und auf Warnung vor

Risiken, wie Frühschwangerschaften, AIDS, sexueller Missbrauch usw. (vgl. Glück et al. 1992, 34)

Ziel dieses ersten Vorschlags ist es, bereits zu einem frühen Zeitpunkt bei beiden Geschlechtern etwas gegen die Verfestigung von Stereotypen und den Aufbau von Vorurteilen zu tun, um ein gleichberechtigtes Miteinander zu erreichen. Dazu sollen den SchülerInnen die Geschlechtsstereotype bewusst gemacht werden, die u.a. auch in den Medien zu sehen sind. Im Brandenburger Lehrplan ist *Darstellung von Geschlechterrollen in Medien und Werbung* ein Bestandteil des Unterrichts in den Jahrgangsstufen drei und vier.

Die SchülerInnen können daher im Sachunterricht für das Thema Geschlechterrollen sensibilisiert werden. Sie bekommen die Aufgabe, aus Zeitschriften[7] Personen auszuschneiden, die verdeutlichen, welche Kleidung Frauen oder Männer tragen, welche Farben gewählt werden, welche Tätigkeiten sie verüben oder welche Gestik und Mimik sie kennzeichnet. Dann kann anschließend ein Plakat erstellt werden, welches die in unserer Gesellschaft bestehende zweigeschlechtliche Normvorstellung verdeutlicht. Die SchülerInnen erarbeiten sich also selbst, was charakteristisch für Frauen und Männer ist. Dies kann unterstrichen werden, indem die SchülerInnen ihr Lieblingsspielzeug oder ihre Lieblingsfarbe schildern. So erleben sie die Unterschiede realitätsnah.

Der Umgang mit diesem Thema bietet Möglichkeiten, die Stereotypen zu reflektieren und sie aufzubrechen. So muss die Lehrperson darauf eingehen, dass es nicht beunruhigend ist, wenn manche Jungen oder Mädchen nicht die gleichen geschlechtsspezifischen Interessen zeigen. So ist es legitim, dass Jungen mit Puppen spielen und Mädchen sich zu Autos hingezogen fühlen.

In den höheren Jahrgangsstufen (5.-7. Klasse) werden die inneren und äußeren Geschlechtsmerkmale besprochen. In diesem Zusammenhang kann die Lehrperson darauf eingehen, dass es auch Menschen gibt, die sich rein biologisch nicht eindeutig als Mann oder Frau zuordnen lassen (Intersexualität). Mit den SchülerInnen ist zu klären, dass bei diesen Menschen verstärkt von charakteristischen „Rollen" oder Verhaltensweisen abgesehen werden muss.

---

[7] Die Zeitschriften können oder sollen vor allem altersgerecht sein, um aufzuzeigen, dass beispielsweise schon in der „Wendy" den Geschlechterrollen eine große Bedeutung zukommt.

5.2.2 Geschlechtsspezifische Themen

In den Rahmenplan für Unterricht und Erziehung in der Berliner Schule ist zu lesen:

> „Es ist wichtig, die unterschiedlichen Bedürfnisse und Interessen von Mädchen und Jungen zu berücksichtigen, die z.B. in Sprache, Idolen, Mode, Verhalten und Umgang miteinander zum Ausdruck kommen. Es bietet sich an, ihre spezifischen Fragen und Äußerungsformen als Motor für lebendiges Lernen in den Mittelpunkt des Unterrichts zu stellen."
>
> http://www.berlin.de/imperia/md/content/sen-bildung/schulorganisation/lehrplaene/av27_2001.pdf? start&ts= 1291886390&file=av27_2001.pdf

Der Bereich der Sexualerziehung bietet sehr viele verschiedene Themen, die besprochen und diskutiert werden können. Es gibt Unterrichtsgegenstände, die sicherlich beide Geschlechter gleichermaßen interessieren, andere hingegen werden von Mädchen und Jungen unterschiedlich stark präferiert. Um herauszufinden, welche Inhalte für welches Geschlecht interessant sind, könnte vor Beginn der Unterrichtssequenz Sexualerziehung, aber auch zwischendurch, eine anonyme Umfrage durchgeführt werden. Dabei kann sich herausstellen, dass alles um das Thema „Das erste Mal" für beide Geschlechter interessant sein kann, Menstruationszyklus und Pollution aber eher nur den Interessen des einen Geschlechts entsprechen. Um den Bedürfnissen von Jungen und Mädchen gerecht zu werden, ist es sinnvoll, den Unterricht zeitweise in geschlechtshomogene Gruppen zu teilen. In diesen können Inhalte angesprochen werden, die bei beiden Geschlechtern unterschiedlich stark beliebt sind. Auf die Trennung der Schüler von den Schülerinnen im Unterricht wird im nächsten Kapitel näher eingegangen.

Empfehlenswert ist in diesem Zusammenhang auch, außerschulische Kooperationspartner als kompetente Kontaktpersonen hinzuzuziehen. Es wäre denkbar, mit den Mädchen eine Frauenarztpraxis aufzusuchen oder Institutionen wie Pro-Familia einzuladen, die im Unterricht die fachliche mit der sozialen Seite verknüpfen.

5.2.3 Monoedukativer Sexualkundeunterricht

In den Rahmenlehrplänen zahlreicher Bundesländer ist die Möglichkeit verankert, den Unterricht in geschlechtshomogenen Gruppen abzuhalten. Diese Chance soll genutzt werden, um den Unterricht gendersensibel zu gestalten und den partiell unterschiedlichen psychosexuellen Entwicklungen von Mädchen und Jungen gerecht zu werden.

Der geschützte Rahmen einer geschlechtshomogenen Gruppe hat den Vorteil, dass es den meisten Jungen und Mädchen in einem solchen Kontext leichter fällt, ihr Schamgefühl zu überwinden und über Themen wie Freundschaft, Sexualität, Ängste oder Unsicherheiten zu sprechen. (vgl. Budde/ Venth 2010, 20) Sie können sich mit den Bereichen wie Selbstbefriedigung, Jungfräulichkeit, Homosexualität oder Pornografie freier und ungezwungener auseinandersetzen und geschlechtsspezifischen Fragen und Probleme diskutieren, ohne dass sie sich dabei fürchten müssen, von dem jeweils anderen Geschlecht gehänselt oder lächerlich gemacht zu werden. (milo 2010)

Die pädagogische Arbeit in den geschlechtshomogenen Gruppen ermöglicht den Schülern und Schülerinnen zudem, untypische Verhaltensweisen zu erproben, die klassischerweise als eher männlich gelten, wie Härte und Durchsetzungsvermögen bei Mädchen oder eher weibliche wie Nachgiebigkeit und Ängste bei Jungen. (vgl. www.berlin.de/imperia/md/content/senbildung/ schulorganisation/lehrplaene/av27_2001.pdf?%20start&ts=%201291886390&file=av27_2001.pdf)

Des Weiteren lernen Schüler und Schülerinnen in geschlechtshomogenen Gruppen, sich von anderen Jungen bzw. Mädchen zu unterscheiden. Sie nehmen wahr, dass nicht alle Jungen bzw. Mädchen gleich sind und entdecken die Unterschiede, die sie zu respektieren lernen müssen. (vgl. ebd.) Daher sollte differenziert werden, dass es nicht nur *die* Jungen und *die* Mädchen gibt, sondern eine Bandbreite von Heterogenitäten. (Flaake 2006, 58)

Zusammenfassend ist zu sagen, dass der Unterricht in geschlechtshomogenen Gruppen den Vorteil bietet, die sexuelle Identität der Kinder zu stärken, sie gegenüber dem anderen Geschlecht zu sensibilisieren und zur Gleichberechtigung von Frauen und Männern in der Gesellschaft beizutragen. (vgl. ebd)

5.2.4 Würdigung der Leistungen von Frauen

Ein weiteres Ziel reflexiver Koedukation besteht darin, im Unterricht den wissenschaftlichen Leistungen von Frauen den gleichen Stellenwert einzuräumen wie den kulturellen Verdiensten von Männern und damit das überlieferte männerlastige historische Verständnis zu korrigieren. (vgl. Bildungskommission 1995, 130) Allgemein ist aber zu sagen, dass Frauen in der Geschichte der Naturwissenschaften weniger repräsentativ sind als Männer. Das hängt, wie im Kapitel 2 erläutert, mit den ungleichen Bildungschancen den vergangenen Jahrhunderten zusammen. Zudem wurden wissenschaftliche Leistungen von Frauen oftmals unter dem Namen der Männer veröffentlicht.

Dennoch gibt es gerade im Bereich der Physik, Chemie und Informatik einige bedeutsame Namen[8]: Marie Curie, die außerordentliche Leistungen in Chemie und Physik erbrachte, gilt als die erfolgreichste Naturwissenschaftlerin aller Zeiten und wurde mit zwei Nobelpreisen

---

[8] Weitere wichtige Frauen der Naturwissenschaften werden in Kreienbaums/ Metz-Göckels Buch „Koedukation und Technikkompetenz von Mädchen" vorgestellt.

ausgezeichnet. Eine weitere bedeutende Persönlichkeit ist Ada Lovelace (1815-1852), die als Erfinderin der Software gilt. Die Programmiererin beschrieb bereits im 19. Jahrhundert, welche Probleme es in einer „analytischen Maschine" zu lösen galt. Da sie ihre Arbeit nur mit ihren Initialen veröffentlichte, erfuhr sie keinen persönlichen Ruhm. (vgl. Kreienbaum/ Metz-Göckel 1992, 128)

Die Recherche hat gezeigt, dass es schwer ist, Frauen und deren Verdienst im Bereich der Biologie aufzuzeigen. Im Themengebiet Sexualerziehung ist die Auswahl demnach noch geringer. Dennoch lohnt sich die Suche. Es gibt einige Frauen, deren Leistungen im Unterricht aufgezeigt werden sollten, um somit der starken Dominanz von Männern entgegenwirken.

Eine bedeutsame Frau, die 2008 den Nobelpreis für Physiologie und Medizin bekam, ist die Französin Françoise Barré-Sinoussi. Sie entdeckte zusammen mit Luc Montagnier den HI-Virus. Bei der Behandlung der Geschlechtskrankheiten, speziell AIDS, kann man ihre Leistung würdigen und herausheben, welche Konsequenzen ihre Entdeckung für die weitere Forschung hatte.

Weitere Frauen, die die Lehrperson im Sexualerziehungsunterricht wertachten kann:

Mary Phelps-Jacob – die Erfinderin des BHs [Themengebiet: äußere Geschlechtsmerkmale]
Sonette Ehlers – die Erfinderin des Rape-aXe, ein Femidom zur Verhütung vor
        sexuellen Missbrauch [Themengebiet: Verhütungsmittel/ sexueller
        Missbrauch]
Gertrude Belle Elion- entdecke zahlreiche pharmakologische Wirkstoffe, u.a. zur
        Behandlung von Herpes und AIDS, Nobelpreis 1988 für
        Physiologie und Medizin [Themengebiet: Geschlechtskrankheiten]

6. Ausblick

In vielen deutschen Schulklassen befinden sich SchülerInnen mit Migrationshintergrund. Daher sollte heute der Blick verstärkt auf interkulturelles Lernen gelenkt werden. Das Feld der stereotypen Geschlechterbilder hat sich unter diesem Aspekt erheblich erweitert.
Ein Teil der ausländischen Familien haben sich an die Lebensbedingungen in Deutschland angepasst. Bei dem anderen Teil werden die eigenen religiös-kulturellen Traditionen stark hervorgehoben. (vgl. Hopf 2008, 148) So treten gerade bei Muslimen immer noch sehr starke Geschlechterrollen auf, die nicht zu überwinden versucht werden. Für diese Jugendlichen ist

es besonders schwierig, die Kultur der Eltern und die eigene Lebenswelt in Deutschland miteinander zu vereinbaren. Eine besondere Sensibilität ist bei diesen Themen nötig. Auch der Sexualerziehungsunterricht ist daher interkulturell zu gestalten.

Dieses Kapitel sollte einen Denkanstoß geben und aufzeigen, dass der Bereich der Geschlechterdifferenzen und -verhältnisse in der Schule noch komplexer und vielfältiger ist, wenn er zugleich als Herausforderung für die Auseinandersetzung mit kultureller Diversität begriffen wird. (vgl. Flaake 2006, 40)

7. Schlusswort

Der Sexualerziehungsunterricht ist nur ein kleiner Themenbereich in der Vielfältigkeit der Biologie. Dennoch zeigt die Analyse, dass es möglich ist und es sich lohnt, das Prinzip der reflexiven Koedukation zu verwirklichen.

Die Vergangenheit macht deutlich, dass die Reflexion des Geschlechterverhältnisses, die Diskussion über Benachteiligungen und Ungleichheit zu einer Veränderung der gemeinsamen Erziehung von Mädchen und Jungen wesentlich beigetragen haben.

Obwohl sich heute vieles zum Positiven für Frauen entwickelt hat, ergibt sich dennoch ein Zwiespalt zwischen beruflicher Karriere und Familie mit Kindern. Sie sind weiterhin in Bereichen der Naturwissenschaften und in hohen Führungspositionen unterrepräsentiert. Ein Anliegen an die Schulen wäre es daher, Frauen, die in naturwissenschaftlichen-technischen Berufen arbeiten, in den Unterricht einzuladen, sodass sie für viele Schülerinnen ein Vorbild sein können und sehen, dass Technik und Naturwissenschaften nicht mehr als reine Männerdomäne gilt. Doch nicht nur auf der Ebene der Schule, müssen gleiche Chancen für Mädchen und Jungen geschaffen werden, sondern gesellschaftliche Rahmenbedingungen müssen es Frauen ermöglichen, trotz Kindern beruflich und wissenschaftlich tätig zu sein. Eine Möglichkeit wäre die Ausweitung von Kindertagesstätten und die Einführung von mehr Ganztagsschulen. Aber auch außerhalb des Erziehungswesens könnten flexible Arbeitszeitregelungen und ein Ausbau des Job-Sharings dazu beitragen, dass der Anteil der Frauen bei den Professuren und in den Führungspositionen steigt.

Das Ziel der Zukunft soll sein, geschlechtssensible Modellversuche und Unterrichtskonzepte für alle Fächer auf der Grundlage einer reflexiven Koedukation zu entwickeln und im Unterricht zu verwirklichen. In erster Linie geht es nicht darum, die Genderfrage neu aufzulegen und neue GewinnerInnen und VerliererInnen zu identifizieren, sondern darum, die Genderperspektive ernst zu nehmen „und sie in ihrer Bedeutung für Mädchen *und* Jungen, Frauen *und* Männer, Lehrerinnen *und* Lehrer, Mütter *und* Väter als grundlegendes Analyse- und Schulentwicklungsinstrument nutzbar zu machen, um bestehende Benachteiligungs- und Verhinderungsstrukturen für beide Geschlechter zu verändern." (Jösting/Seemann 2006, 20) Wenn reflexive Koedukation als Element allgemeiner Bildung aktiv und umfassend in das Lern- und Sozialfeld der Schule eingebracht wird und sowohl Freiwilligkeit auf Seiten der SchülerInnen als auch hohe Sensibilität bei Lehrkräften und Eltern besteht, (Kreienbaum 1999, 11) wird sich das Lern- und Leistungsniveau insgesamt steigern können.

8. Quellen

Bildungskommission NRW (1995): Zukunft der Bildung. Schule der Zukunft. Denkschrift der Kommission „Zukunft der Bildung- Schule der Zukunft" beim Ministerpräsidenten des Landes Nordrhein- Westfalen. Neuwied, Kriftel, Berlin: Hermann Luchterhand Verlag

Buchmayr, Maria (2008): Geschlecht lernen. Gendersensible Didaktik und Pädagogik. Innsbruck: Studien Verlag

Budde, Jürgen/ Angela Venth (2010): Genderkompetenz für lebenslanges Lernen. Bildungsprozesse geschlechterorientiert gestalten. Bielefeld: Bertelsmann Verlag

Cornelißen, Waltraud/ Stürzer, Monika (2003): „Einleitung" In: Stürzer, Monika et al.: Geschlechterverhältnisse in der Schule. Opladen: Leske + Budrich, 13- 20

Deutscher Bundestag (2009): Grundgesetz für die Bundesrepublik Deutschland. Berlin: CPI – Ebner & Spiegel

Faulstich- Wieland, Hannelore (1987): Abschied von der Koedukation. Frankfurt am Main: Fachhochschule Frankfurt / Main

Faulstich- Wieland, Hannelore (1991): Koedukation- Enttäuschte Hoffnung? Darmstadt: Wissenschaftliche Buchgesellschaft

Faulstich- Wieland, Hannelore/ Horstkemper, Marianne (1996): „100 Jahre Koedukationsdebatte- und kein Ende." In: Ethik und Sozialwissenschaften 7 (4), 509-520

Flaake, Karin (2006): „Geschlechterverhältnisse- Adolesenz- Schule. Männlichkeits- und Weiblichkeitsinszenierungen als Rahmenbedingungen für pädagogische Praxis." In: Jösting, Sabine et al.: Gender und Schule. Geschlechterverhältnisse in Theorie und schulischer Praxis. Oldenburg: Bis- Verlag, 27- 44

Glagow- Schicha, Lisa (2005a): „Reflexive Koedukation in Nordrhein-Westfalen". In: Ministerium für Schule, Jugend und Kinder des Landes NRW: Schule im Gender Mainstream. Denkanstöße, Erfahrungen, Perspektiven. Soest, 148–153

Glagow- Schicha, Lisa (2005b): „Kriterien für ein gendergerechtes Schulprogramm". In: Ministerium für Schule, Jugend und Kinder des Landes NRW: Schule im Gender Mainstream. Denkanstöße, Erfahrungen, Perspektiven. Soest, 139-143

Glagow- Schicha, Lisa (1997): Für Ada, Marie und andere Mädchen. Beispiele für einen mädchengerechten Unterricht in Mathematik, Informatik, Technik und Naturwissenschaften. IKÖ-Diskussionsforum Band 1. Duisburg.

Glück, Gerhard/ Scholten, Andrea/ Strötges, Gisela (1992): Heiße Eisen in der Sexualerziehung. Weinheim: Deutscher Studienverlag

Glumpler, Edith (1994): Koedukation. Entwicklung und Perspektive. Bad Heilbrunn: Klinkhardt

Hilgers, Andrea (1994): Geschlechterstereotype und Unterricht. Zur Berbesserung der Chancengleichheit von Mädchen und Jungen in der Schule. Weinheim, München: Juventa Verlag

Hopf, Arnulf (2008): Fächerübergreifende Sexualpädagogik. Baltmannsweiler: Schneider Verlag Hohengehren

Hoppe, Heidrun/ Kampshoff, Marita/ Nyssen, Elke (2001): „Geschlechterperspektiven in Schule und Fachdidaktik- Eine Einführung" In: Hoppe, Heidrun et al.: Geschlechterperspektiven in der Fachdidaktik. Weinheim und Basel: Beltz Verlag, 9- 19

Hoppe, Heidrun/ Nyssen, Elke (2005): „Gender und Leistung: Ergebnisse aus IGLU, PISA und LAU." In: Ministerium für Schule, Jugend und Kinder des Landes NRW: Schule im Gender Mainstream. Denkanstöße, Erfahrungen, Perspektiven. Soest, 135–138

Jantz, Olaf/ Brandes, Susanne (2006): Geschlechtsbezogene Pädagogik an Grundschulen. Basiswissen und Modelle zur Förderung sozialer Kompetenzen bei Jungen und Mädchen. Wiesbaden: Vs Verlag für Sozialwissenschaften

Jösting, Sabine/ Seemann, Malwine (2006): „Einleitung" In: Jösting, Sabine et al.: Gender und Schule. Geschlechterverhältnisse in Theorie und schulischer Praxis. Oldenburg: Bis-Verlag, 19- 25

Kaiser, Astrid (2003): Projekt geschlechtergerechte Grundschule. Erfahrungsberichte aus der Praxis. Opladen: Leske+ Budrich

Kaiser, Astrid (2005): „Schulleitung als Initiatorin für gendergerechte Schulentwicklung." In: Ministerium für Schule, Jugend und Kinder des Landes NRW: Schule im Gender Mainstream. Denkanstöße, Erfahrungen, Perspektiven. Soest, 174- 179

Kreienbaum, Maria Anna/ Metz- Göckel, Sigrid (1992): Koedukation und Technikkompetenz von Mädchen. Der heimliche Lehrplan der Geschlechtererziehung und wie man ihn ändert. Weinheim, München: Juventa Verlag

Kreienbaum, Maria Anna (1999): Schule lebendig gestalten. Reflexive Koedukation in Theorie und Praxis. Dokumentation der zweiten landesweiten Tagung „Frauen & Schule NRW e.V." September 1998. Bielefeld: Kleine Verlag

Kreienbaum, Maria Anna/ Urbaniak, Tamina (2006): Jungen und Mädchen in der Schule. Konzepte der Koedukation. Berlin: Cornelsen Verlag

Milhoffer, Petra/ Schmidt, Renate- Berenike (2001): „Zur Rolle des Geschlechts in der Sexualpädagogik" In: Hoppe, Heidrun et al.: Geschlechterperspektiven in der Fachdidaktik. Weinheim und Basel: Beltz Verlag, 215- 231

milo (2010): „Erziehungsvereinbarung" In: http://lgs.duelmen.org/index.php?module= pagemaster&PAGE_user_op=view_page&PAGE_id=29&MMN_position=138:138   [Letzter Zugriff: 30.01.2011, 18.55]

Ministerium für Bildung, Jugend und Sport des Landes Brandenburg (2007): Brandenburgisches Schulgesetz. Potsdam: Brandenburgische Universitätsdruckerei und Verlagsgesellschaft Potsdam

Ministerium für Bildung, Jugend und Sport des Landes Brandenburg (2004): Rahmenlehrplan Grundschule Biologie. Berlin: Wissenschaft und Technik Verlag

Ministerium für Bildung, Jugend und Sport des Landes Brandenburg (2004): Rahmenlehrplan Grundschule Sachunterricht. Berlin: Wissenschaft und Technik Verlag

Ministerium für Bildung, Jugend und Sport des Landes Brandenburg (2008): Rahmenlehrplan für die Sekundarstufe I. Jahrgangsstufen 7-10. Berlin: Wissenschaft und Technik Verlag

Plaimauer, Christine (2008): „Geschlechtssensibler Unterricht. Methoden und Anregungen für die Sekundarstufe" In: Buchmayr, Maria. Geschlecht lernen. Gendersensible Didaktik und Pädagogik. Innsbruck: Studien Verlag, 51- 71

Stürzer, Monika (2003): „Zur Debatte um Koedukation, Monoedukation und reflexive Koedukation" In: Stürzer, Monika et al.: Geschlechterverhältnisse in der Schule. Opladen: Leske + Budrich, 171- 186

http://ranking.zeit.de/che2010/de/hochschule?id=46)
[Letzter Zugriff 30.01.2010, 18.55]

http://studsem-leer.ehrig-privat.de/__oneclick_uploads/2006/12/koedukation-ppt.pdf
[Letzter Zugriff: 04.02.2011, 14.40]

http://www.sign-project.de/10_4592.php#3
[Letzter Zugriff: 04.02.2011, 14.40]

http://www.berlin.de/imperia/md/content/sen-bildung/schulorganisation/lehrplaene/
av27_2001.pdf? start&ts= 1291886390&file=av27_2001.pdf
[Letzter Zugriff 30.01.2010, 18.55]